BEI GRIN MACHT SICH IHR WISSEN BEZAHLT

- Wir veröffentlichen Ihre Hausarbeit,
  Bachelor- und Masterarbeit

- Ihr eigenes eBook und Buch -
  weltweit in allen wichtigen Shops

- Verdienen Sie an jedem Verkauf

Jetzt bei www.GRIN.com hochladen und kostenlos publizieren

Bibliografische Information der Deutschen Nationalbibliothek:

Die Deutsche Bibliothek verzeichnet diese Publikation in der Deutschen National-
bibliografie; detaillierte bibliografische Daten sind im Internet über http://dnb.d-
nb.de/ abrufbar.

Impressum:

Copyright © 2016 GRIN Verlag, Open Publishing GmbH
Druck und Bindung: Books on Demand GmbH, Norderstedt Germany
ISBN: 9783668441002

Dieses Buch bei GRIN:

http://www.grin.com/de/e-book/366066/berechnung-von-prozentwert-grundwert-
und-prozentsatz-mathematik-7-klasse

Alexander Berg

Berechnung von Prozentwert, Grundwert und Prozentsatz (Mathematik, 7. Klasse)

GRIN Verlag

GRIN - Your knowledge has value

Der GRIN Verlag publiziert seit 1998 wissenschaftliche Arbeiten von Studenten, Hochschullehrern und anderen Akademikern als eBook und gedrucktes Buch. Die Verlagswebsite www.grin.com ist die ideale Plattform zur Veröffentlichung von Hausarbeiten, Abschlussarbeiten, wissenschaftlichen Aufsätzen, Dissertationen und Fachbüchern.

Besuchen Sie uns im Internet:

http://www.grin.com/

http://www.facebook.com/grincom

http://www.twitter.com/grin_com

Unterrichtsentwurf

zur Thematik Prozentrechnung

Berlin, 26.11.2016

INHALT

0 INDIVIDUELLE KOMPETENZENTWICKLUNG DES LEHRENDEN

Für den Unterrichtsbesuch soll die Lehr- und Lernstruktur umfangreicher und weitreichender begründet werden. Das Potential der Einstiegsphase wird durch eine funktionale Impulsgebung gesteigert und die Sicherung soll effektiver werden.

I THEMA DER LEHR-UND LERNPROZESSE: PROZENTRECHNUNG

Auf Grundlage des Rahmenlehrplans und des schulinternem Curriculums und Arbeitplans wird die folgende Unterrichtsreihe legitimiert. (RLP, 2006, S. 26)

Thema der Reihe: Prozentrechnung

Stunden	Thema der Stunde	Prozessbezogene Kompetenzbereiche	Inhaltsbezogenen Kompetenzbereiche (nach Leitideen)
1.-2.	Einsteig; Anteile visualisieren	Darstellungen verwenden, Argumentieren	
3.-4.	Grundbegriffe der Prozentrechung	Mit symbol., formalen und techn. Elementen umgehen	
5.-6.	Herleitung der Formeln über den Dreisatz. Anwenden der Formeln	Mit symbol., formalen und techn. Elementen umgehen	
7.	Berechnen von Prozentsatz, Prozentwert und Grundwert mit den Formeln	Mit symbol., formalen und techn. Elementen umgehen	Mit Prozenten rechnen (Funktionaler Zusammenhang, Zahl)
8.	Übungen		
10.-12.	Erhöhter/verringerter Grundwert	Argumentieren*	
13.	Test		
14.-15.	Rabatt & Skonto, Vorbereitung Klassenarbeit	Mit symbol., formalen und techn. Elementen umgehen	

* mögliche, aber noch nicht festgelegte Kompetenzbereiche

2 EINE DIDAKTISCHE SACHANALYSE

In Anlehnung an die von Jaschke beschriebene didaktische Sachanalyse sollen die von den Schülerinnen und Schüler zu bearbeitenden Aufgaben inhaltlich und bedeutungszusammenhängend analysiert werden (Vgl. Jaschke 2010). Die fachlichen Inhalte der vorliegenden Unterrichtseinheit stützen sich auf die gesetzlichen Vorgaben des Rahmenlehrplans für Mathematik (RLP 2006). Das schulinterne Curriculum des SLZB positioniert das Modul P2 7/8 *Verhältnisse mit Proportionalität erfassen* in die Anfangsphase der 7. Klasse. Für diese Stunde ist die prozessbezogene Kompetenz *mit symbolischen, formalen und technischen Symbolen der Mathematik umgehen* ausgewählt worden. Außerdem sollen die Lernenden mit Prozenten rechnen, indem sie mit den Formeln für den Prozentwert, Grundwert und Prozentsatz umgehen.

Durch die Zuordnungen wird der Funktionsbegriff bereits in der 7. Klasse propädeutisch behandelt. Über die proportionalen Zuordnungen lässt sich der Prozentbegriff und seine Berechnungen zunächst anschaulich einführen. Grundlegend scheint, dass die Schülerinnen und Schüler die Vorstellung des Prozentbegriffs mit ihrem Vorwissen verknüpfen müssen. Denn übersetzt bedeutet er „pro Hundert" also eben „durch Hundert" oder „hundertstel". Somit sind Prozente Anteile von Ganzen – in Bezug zu 100. Über diesen Zusammenhang wird das Konzept des Bruchs für die Lernenden erweitert oder erschlossen, denn die graphische Darstellung ist ikonisch und enaktiv äußert hilfreich für den Verstehensprozess (Vgl. Zech). Dadurch lässt sich nun zwischen den Darstellungsformen Prozent, Bruch und Dezimalbruch wechseln: $10\ \% = \frac{10}{100} = 0,1$. Der erste Abstraktionsgrad für die Schülerinnen und Schüler besteht nun darin nicht 100 als Grundwert zu verwenden, sondern beliebig viele andere Größen aus unterschiedlichem realitätsbezogenen Kontext. Eine weitere Herausforderung besteht nun darin anhand eines Textes oder einer Aufgabe zu erkennen, welche Größe (Prozentwert, Prozentsatz oder Grundwert) unbekannt oder gesucht ist. An dieser Stelle setzten die zwei Stunden zuvor an und versuchten darüberhinaus die unbekannte Größe zu berechnen.

Der Zugang zur Berechnung der Größen lässt sich über den Dreisatz, die Verhältnisgleichung oder den drei Formeln (siehe nächste Seite) realisieren. Im Vergleich zur den anderen ist die Berechnung mittels letzterer die zeitlich effektivste Variante. Deshalb soll diese Methode in dieser Stunde fokussiert werden.

Der Grundwert G lässt sich als Ausgangsgröße bezeichnen. Ihm werden 100 % zugeordnet. Ein Anteil dieses Grundwertes wird als Prozentwert W bezeichnet. Ihm wird ein entsprechender Prozentsatz p% zugeordnet. Daraus ergeben sich folgende Beziehung – die drei Formeln:

$$(1)\ p\% = \frac{W}{G} \cdot 100 \qquad\qquad (2)\ W = \frac{G}{100} \cdot p\% \qquad\qquad (3)\ G = \frac{W}{p\%} \cdot 100$$

Ein weiterer Vorteil zum Einsatz der Formeln ergibt sich daraus, dass beim Dreisatz der Rechenweg vorher klar sein muss. Diese Fehlerquelle wird nun umgangen, denn der Taschenrechner entlastet die Schülerinnen und Schüler enorm – sofern das Eingeben der Werte gesichert ist. Wie oben erwähnt, ist das Wiedererkennen der Grundbegriffe in Texten die Voraussetzung für eine erfolgreiche Berechnung. Schwierigkeiten werden hier erst gehäuft, wenn mehr als drei Größen vorhanden sind und sich aber nur drei Grundbegriffe zuordnen lassen können. An dieser Stelle kann entweder nur auf die Bedeutung der Begriffe verwiesen werden oder an die Konzentration appeliert werden. Das Anschließende Verwenden der Formeln birgt weniger Stolperstellen, denn die Multiplikation ist kommutativ und rechnerisch ist es unrelevant ob z.B. den Prozentsatz $\frac{W}{G} \cdot 100\ oder\ \frac{W \cdot 100}{G}$ gerechnet wird. Alternativ werden die Formeln auch statt p % mit p beschrieben. Denn es gilt $\frac{p}{100} = p\,\%$. Bei beiden Varianten ergeben sich Unklarheiten darüber, ob die Ergebnisse bereits in Prozent angebeben sind, oder nicht.

3 STANDARDS DES RAHMENLEHRPLANS

Die Standardkonkretisierung für die geplante Stunde ist eine Essenz aus den prozessbezogenen und inhaltsbezogenen Standards. Sie soll die eigentliche Tätigkeit der Stunde reflektieren, um die ausgewählten Fähigkeiten der Standards weiterzuentwickeln. Zur Überprüfung des Erreichens der Standardkonkretisierung dienen Indikatoren, welche durch manifeste Merkmale beobachtbar sind.

	Standards des Rahmenlehrplans	Aktueller Stand der Kompetenzentwicklung	Konkretisierung der Standards für diese Stunde
prozess-bezogene Standards	Die Schülerinnen und Schüler... - führen mathematische Verfahren aus, reflektieren deren Anwendung und überprüfen deren Ergebnisse - Verwenden Variablen, Terme, Gleichungen [...] und übersetzen zwischen symbolischer und natürlicher Sprache - dokumentieren Überlegungen, Lösungswege bzw. Ergebnisse, stellen diese verständlich dar [...].	Die Schülerinnen und Schüler... - verwenden Terme und Gleichungen der Prozentrechnung, übersetzen zwischen Texten und symbolischer Sprache (G, W, p%) - dokumentieren ihre Lösungswege und Ergebnisse in übersichtlicher Form	Die Schülerinnen und Schüler.. - verwenden Gleichungen der Prozentrechnung als mathematisches Verfahren, um den Prozentsatz, Prozentwert und den Grundwert berechnen zu können – ohne Verwendung des Dreisatzes. - Sie überprüfen selbstständig ihre Ergebnisse und reflektieren mit einem Diagnosebogen über ihre Progression.
inhalts-bezogene Standards	Die Schülerinnen und Schüler... - rechnen mit Prozenten - nutzen die Prozentrechnung - berechnen Prozentsatz, Prozentwert und den Grundwert auch mit dem Dreisatz.	Die Schülerinnen und Schüler... - berechnen Prozentsatz, Prozentwert und den Grundwert mit dem Dreisatz.	

INDIKATOREN für das Erreichen der Standardkonkretisierung:
- Bearbeitung von mindestens zwei Aufgabenblöcken
- Erreichen einer höheren Punktzahl gegenüber der I. Diagnose
- Geben bei der Reflexion eine positive Rückmelung zum Übungsformat
- Positive Rückmeldungen bei der Selbstkorrektur

Quelle: Rahmenlehrplan für die Sekundarstufe I, [Hrsg.] Senatsverwaltung für Bildung, Jugend und Sport, 2006, Berli
https://www.berlin.de/imperia/md/content/sen-bildung/schulorganisation/lehrplaene/sek1_mathematik.pdf

4 DIE BEGRÜNDUNG DER LEHR- UND LERNSTRUKTUR

Bereits in der 7. Klasse lassen sich für das Thema Prozentrechnung realitätsbezogene Kontexte finden und anwenden. Neben der in allen Medien bekannten amerikanischen Präsidentschaftswahl und deren prozentualen Spekulationen gibt es natürlich weitere Lebensweltbezüge. Speziell das Sportlerklientel der Schule hat allein über die Ernährung (z.b.: Fettprozente) einen besonderen Bezug zur Prozentrechnung. Weiterhin trainieren beispielsweise Gewichtheber in Abhängigkeit ihrer eigenen Masse und stecken sich mit prozentualen Angaben Tagesziele.

Der Fokus der Stunde soll der prozessbezogene Standard *mit symbolischen, formalen und technischen Elementen der Mathematik umgehen* am Kontext Prozentrechnung sein – also „wie lassen sich Prozentwert, Grundwert und Prozentsatz berechnen?" Dazu wurde in den Stunden zuvor eine Art Herleitung der Formel differenziert erarbeitet. Bei jedem Lernenden sind zumindest die Formeln im Hefter und die Grundbegriffe können -teilweise sicher- zugeordnet werden. Aufgrund der mittlerweile hohen Heterogenität in der Gruppe bieten sich differenzierte Methoden an. Allein um Unterrichtsstörungen zu vermeiden, ist es sinnvoll den schnelleren Schülerinnen und Schülern einen Anreiz zu geben ihr Wissen auf einem anderen Niveau einzubringen, anstatt mehr Aufgaben zu bewältigen zu lassen.

Jedoch dient die Differenzierung auch dem didaktischen Aspekt. Aufgrund von fehlender Sprachbildung, sowie zu geringer Lern- und Übungszeit befinden sich einige Lernende auf dem einfacheren unterem Niveau – das, aus Sicht des möglichen Potentials, nicht nötig ist. Folglich soll in der dargestellten Stunde das Prinzip des selbstorganisierten Lernens in seinen Grundzügen mit Hilfe einer Lerntheke zum Zweck der Differenzierung umgesetzt werden. Um aus einer gewollten Selbstständigkeit keine Überforderung zu provozieren, werden im Sinne der gelenkten Differenzierung „passgenaue Aufgaben" gewählt, sodass die Schülerinnen und Schüler „schnelle Erfolgserlebnisse" verzeichnen können (Vgl. Kress, 2014, S.10).

Die Lerntheke wird in der Form präsentiert, dass zunächst eine Diagnose zum Kompetenzstand erhoben wird. Die Erhebung wird in der Stunde zuvor durchgeführt, sodass in der gezeigten Stunde die Schülerinnen und Schüler wissen, mit welchen Aufgaben (aus Aufgabenblöcken) sie arbeiten und damit ihren Kompetenzstand entwickeln können. Nach einer Bearbeitungszeit von 20 Minuten wird erneut eine Diagnose durchgeführt. Die Aufgabentypen bleiben vergleichbar. Um eine Progression feststellen zu können, sollen die nun erreichten Punktzahlen höher als in der Stunde zuvor sein. Genauere Betrachtungen zum Unterricht werden nun in vier Phasen begründet.

Phase 1

Auf einen expliziten Einstieg in die Thematik wird verzichtet, da es sich um eine inhaltlich zusammenhängende Doppelstunde handelt. Nichtsdestotrotz soll nach einer Begrüßung der Hospitierenden der Ablauf kurz verdeutlicht werden und per Schülerrückmeldung der grobe Arbeitsauftrag kommuniziert werden. Um zeiteffizient zu wirken, wird dazu ein Lernender aufgefordert: „Beschreibe, was nun zu tun ist". Diese sprachlich niedrige Variante ist bewusst formuliert, da mindestens zwei Schülerinnen und Schüler Schwierigkeiten beim Verstehen der deutschen Sprache aufweisen. Auch sonst kann nicht von einem erhöhten sprachlichem Niveau ausgegangen werden.

Antizipiert wird an dieser Stelle, das der Aufgeforderte schildert, dass jeder Lernende eine individuelle Reihenfolge an Aufgabenblöcken zum bearbeiten hat. Diese sind bei jedem im Hefter notiert. Die entsprechenden Aufgaben (aus dem Buch) werden dem Tafelbild entnommen. Bevor es zu den Aufgaben geht, und die Aufmerksamkeit den Lehrer verlässt, wird auf die Lerntheke aufmerksam gemacht. Dort befinden sich die Lösungen, die Aufgaben für den ersten Aufgabenblock und ein Hinweis-Zettel. Letzterer erklärt die Fachbegriffe mit Formeln und Beispielen. Dies soll neben der fachlichen Hilfestellung auch eine sprachliche darstellen. Zusätzlich ist für die folgenden Stunden geplant ein Sprachregister für die neuen Fachbegriffe anzulegen. Vorerst wird in der Stunde bei sprachlichen Problemen direkt auf den Lernenden eingegangen.

Phase 2

Nachdem Unklarheiten seitens der Gruppe beseitigt sind, wird die Bearbeitungsphase eröffnet, indem zusätzlich zum Arbeitsauftrag nun die Aufgaben in ihren Aufgabenblöcken zu finden sind. Für diese Stunde ist die Einzelarbeit vorgesehen, da in vorherigen Stunden beobachtet wurde, dass eine Gruppen oder Partnerarbeit noch eher unproduktiv verläuft. Sukzessive sollen aber auch kooperative Lernarrangements vermehrt in den Unterricht treten.

Aus Elterngesprächen und eigener Erfahrung hat sich herausgestellt, dass vereinzelt Abdusamad und Khamza direkt angesprochen werden sollten, um den Arbeitsauftrag komplett übermitteln zu können. Da dies zuvor für Unruhe bei den Mitlernenden gesorgt haben könnte, kann nun nachgesteuert werden. Die Lehrkraft dient fortan als Unterstützung, sofern der Hinweis-Zettel die Frage nicht beantworten konnte. Sie weist auf die Selbstkontrolle hin und fordert diese vor Ablauf der Zeit auch ein. Somit wird die Sicherung effizient und individuell kann nachgesteuert werden.

Phase 3

Die zum Ende der Bearbeitungszeit ausgeteilten Diagnose-Aufgaben sollen nun zeigen, in wie fern ein Lernfortschritt festzustellen ist. Alternativ kann sich hier eine direkte Rückmeldung von den Lernenden eingeholt werden. Jedoch ist die Transparenz dieser Methode für die Schülerinnen und Schüler stark motivierend, da sie selbst sehen können, wenn sie sich verbessert haben. Um die Bearbeitung weniger komplex zu gestalten, sollen nur die zwei Aufgabenblöcke bearbeitet werden, die in der Stunde verbessert wurden. Die Lehrkraft lässt die Schülerinnen und Schüler anschließend selbstständig mit der Lösung an der Tafel kontrollieren. Mit der Frage nach der Veränderung der Punktzahl wird in die Reflexion übergeleitet. Sollte jedoch die Zeit zu sehr verstrichen sein, so soll eine kurze Rückmeldung über die individuellen Punkteänderungen als Reflexion genügen (Sollbruchstelle).

Phase 4

Per Daumen-Rückmeldung wird nun die Stunde reflektiert. Äußerst interessant ist für die Schülerinnen und Schüler sicherlich, ob sie sich verbessert oder verschlechtert haben, bzw. stagnierten. Aus den letzten beiden Fällen ist demzufolge abzuleiten, dass die Möglichkeiten der Unterstützung während der Stunde nicht voll ausgeschöpft wurden. Weiterhin ist für eine nochmalige Anwendung der Methode interessant zu wissen, ob die verfügbare Zeit zur Bearbeitung angemessen gewählt wurde. Tendenziell erwarte ich hier, dass mehr Übungszeit gefordert wird. Außerdem soll über die eigene Konzentration in der Stunde reflektiert werden. Dies soll eine Idee oder Anlass für mögliche andere Sozialformen geben. Die abschließenden Wünsche sollen für die nähere Unterrichtsplanung Berücksichtigung finden.

5 Verlaufsplanung

Einstieg/Beginn		Erarbeitung & Sicherung		Diagnose & Reflexion	
Zeit: 08:50 Uhr					**09:35 Uhr**

Fortsetzung der Doppelstunde:

08:50	08:55	08:55	9:15	09:15	09:35
Begrüßung,		(TB 2) L. verweist kurz auf die Aufgabenblöcke.		TB 3: 2. Diagnose	
L. wiederholt kurz die letzte Stunde und bereitet die Arbeitsphase vor; fragt nach den individuellen Arbeitsschritten „XY, beschreibe bitte, was nun zu tun ist".	S.: überprüfen Verständnis Arbeitsauftrag und ihre individuellen Arbeitsschritte	L. startet den Timer (20').		L: Es werden nun die Aufgabenblöcke berechnet, die in der Stunde verbessert wurden.	S. bearbeiten die Aufgaben und korrigieren anschließend mit der Musterlösung
		L. wirkt als individuelle Unterstützung erst nach Verwendung einer Hilfekarte	S. bearbeiten und kontrollieren selbstständig ihre Lösungen;	Zeit: 6 min (Timer)	
(TB 1) erscheint, während XY beschreibt.	S: gibt den groben Arbeitsauftrag für die Erarbeitungsphase wieder.	L. weist auf die Selbstkontrolle hin.	S. verwenden ggfs. Hilfekarten	L. deckt Musterlösung auf. (TB 4) „Vergleicht selbstständig eure Ergebnisse"	S. vergleichen erreichte Punkte der Diagnosen
L. klärt offene Fragen, stellt Lerntheke vor (Aufgaben %, Lösungen und Hinweiszettel)					
				--- Sollbruchstelle: Kurze Kontrolle wie sich Punkte verändert haben --------	
		L. teilt bereits die 2. Diagnose aus.	S. beachten die 2. Diagnose noch nicht.	L: leitet Reflexionsphase ein (TB 5):	S. reflektieren durch Zustimmung per Daumen-Feedback
		L. Nach den 20 Minuten motiviert L. kurz für die erneute Diagnose und Reflexion.		- Punkte? - Zeit? - Konzentr.?	
				Puffer: Aufgaben die von der Tafel nicht bearbeitet wurden.	

6 QUALIFIZIERTER SITZPLAN

Sitzplan

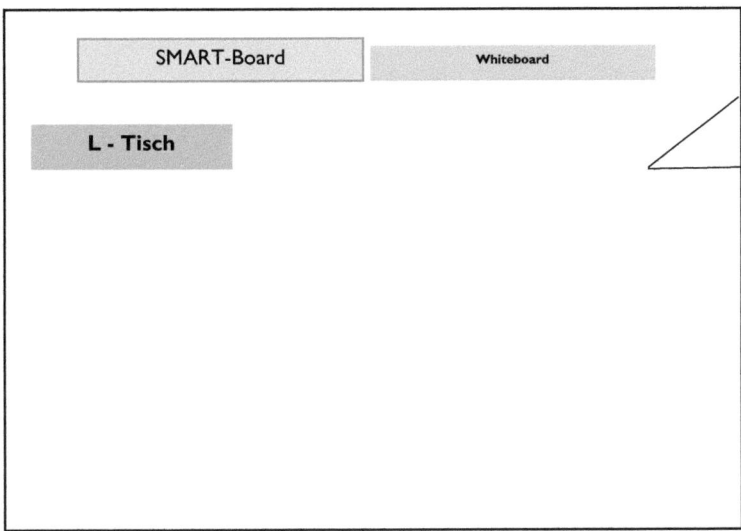

Legende: a | b | c = mündliche Stärken | schriftliche Stärken | soziale Stärken

LITERATUR

- RLP 2006: Rahmenlehrplan für die Sekundarstufe I, [Hrsg.]Senatsverwaltung für Bildung, Jugend und Sport, 2006, Berlin: https://www.berlin.de/imperia/md/content/sen-bildung/schulorganisation/lehrplaene/sek1_mathematik.pdf
- Jaschke, T. (2010). Von der klassischen zur didaktischen Sachanalyse. Aus mathematik lernen Nr. 158, S. 10. Friedrich Verlag
- Zech, F. URL: http://www.didmath.ewf.uni-erlangen.de/Projekte/FfQ/zech2.pdf, Zugriff 26.11.2016
- Kress, K. (2014): Binnendifferenzierung in der Grundschule, Auer-Verlag. Donauwörth

ANHANG

Tafelbild 1:

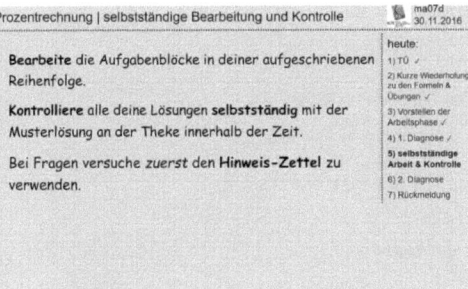

Tafelbild 2:

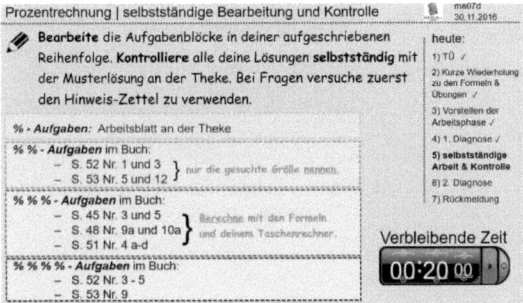

Tafelbild 3:

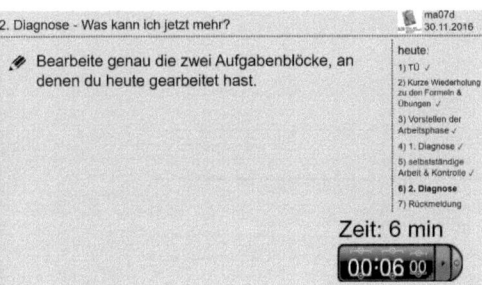

Tafelbild 4:

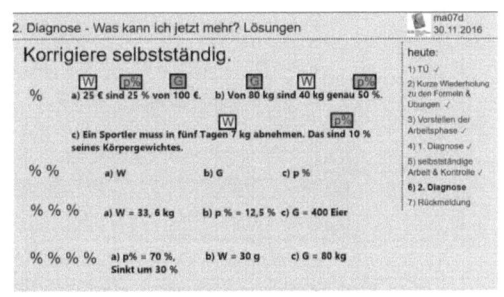

Tafelbild 5:

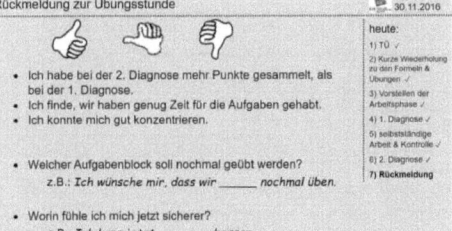

Was kann ich jetzt mehr?

1) Bearbeite die zwei Aufgabenblöcke, die du in der Stunde trainiert hast mit dem Taschenrechner.

Du hast genau **sechs** Minuten Zeit

2) Kontrolliere deine Ergebnisse mithilfe der Musterlösungen.

Pro richtiges Ergebnis gibt es einen Punkt. Also drei Punkte pro

% Ordne den Größen im Satz die Begriffe Grundwert G, Prozentwert W und Prozentsatz p% zu.

a) 25 € sind 25 % von 100 €.   b) Von 80 kg sind 40 kg genau 50 %.

c) Ein Sportler muss in fünf Tagen 7 kg abnehmen. Das sind 10 % seines Körpergewichtes.

% %   Gib nur die unbekannte Größe an! (Grundwert G, Prozentwert W oder Prozentsatz %)

a) Eine Gurke besteht zu 90 % aus Wasser und wiegt 400 g. Unbekannt:____

b) 500 g Zucker sind 40 %. Unbekannt:____

c) 250 g Joghurt enthalten 15 g Fett. Unbekannt:____

% % %   Berechne die fehlende Größe:

30 % von 112 kg	35 € von 280 €	5 % sind 20 Eier
W =	p% =	G=

% % % %   Berechne die gesuchte Größe (G, W, p%).

a) Die Einwohnerzahl sinkt von 39 000 auf 27 300. Berechne, um wie viel Prozent die Einwohnerzahl sinkt.
b) Eine 200 g Schokolade verspricht nur 15 % Zucker zu enthalten. Berechne, wie viel Masse Zucker in der Schokolade enthalten ist.
c) Ein Sportler schwitzt ca. 3 kg Wasser während des Sports aus. Das sind 3,75 %. Berechne die Masse des Sportlers.

Erreichte Punkte:

Aufgabenblock	Punkte
%	
% %	
% % %	
% % % %	

14

% - Grundbegriffe zuordnen - Lösung

Wir haben die Grundbegriffe Grundwert, Prozentwert und Prozentsatz kennengelernt.

Nun müssen wir lernen, woran die Grundbegriffe in Texten zu erkennen sind und wie eine fehlende Größe zu berechnen ist.

Grundwert G $\triangleq$ Immer 100 %

Prozentsatz p% $\triangleq$ Anteil von G in Prozent

Prozentwert W $\triangleq$ Anteil von G

Aufgabe 1: Bearbeite mindestens 5 Teilaufgaben.

Markiere in den Aufgaben die Grundbegriffe mit ihren Abkürzungen G, p% und W.

      W   G   p%
Beispiel: 6 von 10 Freunden sind 60 %.

  W   G   p%   W   G   p%
a) 12 € von 24 € sind 50 %.   b) 10 l von 60 l sind 16, 6 %.

  W   p%   G   p%   G   W
c) 35 Euro sind 50 % von 70 Euro.   d) 50 % von zwei Euro sind 100 Cent.

  p%   G   W   p%   G   W
e) 12,5 % von 100 kg sind 12,5 kg.   f) 300 % von 10 sind 30.

      G   W   p%
g) Von 50 € sind 50 € 100 %

Denk daran:
G entsprechen 100 %, also dem Ganzen.

Aufgabe 2: Bearbeite mindestens 5 Teilaufgaben.

Markiere nun die gegebenen Größen und die unbekannte Größe.

             G   W
Beispiel: Philip hat 10 Freunde, davon sind 6 Mädchen. *Unbekannte Größe:* **p%**

  W   G
a) 30 kg von 200 kg Granit. *Unbekannte Größe:* __**p%**__

  W   G
b) 21,18 km von 42,09 km. *Unbekannte Größe:* __**p%**__

  W   G
c) 5 von 30 Schülerinnen und Schüler haben ihren Taschenrechner vergessen.
                             Unbekannte Größe: __**p%**__

                          W
d) Hanna schafft in der Klassenarbeit 17 Punkte. Das sind 80 %.
                         p%
                             Unbekannte Größe: __**G**__

           p%   G
e) Die Sneaker von H&M sind um 15 % von 60 € reduziert worden.
                           Unbekannte Größe: __**W**__

          p%   W
f) Hilary Clinton bekam ca. 51 % aller Stimmen. Sie bekam ca. 61 Millionen Stimmen.
                           Unbekannte Größe: __**G**__

          G   W
g) Vom Nordkap nach Berlin sind es 4100 km. Nach 1000 km erreicht man Oulu.

% - Grundbegriffe zuordnen

Wir haben die Grundbegriffe Grundwert, Prozentwert und Prozentsatz kennengelernt. Nun müssen wir lernen, woran die Grundbegriffe in Texten zu erkennen sind und wie eine fehlende Größe zu berechnen ist.

Grundwert G ≙ immer 100 %
Prozentsatz p% ≙ Anteil von G in Prozent
Prozentwert W ≙ Anteil von G

Aufgabe 1: Bearbeite mindestens 5 Teilaufgaben.

Markiere in den Aufgaben die Grundbegriffe mit ihren Abkürzungen G, p% und W.

Beispiel: 6 von 10 Freunden sind 60 %.
   W G   p%

a) 12 € von 24 € sind 50 %.   b) 10 l von 60 l sind 16, 6 %.

c) 35 Euro sind 50 % von 70 Euro.   d) 50 % von zwei Euro sind 100 Cent.

e) 12,5 % von 100 kg sind 12,5 kg.   f) 300 % von 10 sind 30.

g) Von 50 € sind 50 € 100 %

! Denk daran:
G entsprechen 100 %,
also dem Ganzen.

Aufgabe 2: Bearbeite mindestens 5 Teilaufgaben.

Markiere nun die gegebenen Größen und die unbekannte Größe.

Beispiel: Philip hat 10 Freunde, davon sind 6 Mädchen.   Unbekannte Größe: **p%**
        G   W

a) 30 kg von 200 kg Granit. *Unbekannte Größe:* _____

b) 21,18 km von 42,09 km. *Unbekannte Größe:* _____

c) 5 von 30 Schülerinnen und Schüler haben ihren Taschenrechner vergessen.
               Unbekannte Größe: _____

d) Hanna schafft in der Klassenarbeit 17 Punkte. Das sind 80 %.
               Unbekannte Größe: _____

e) Die Sneaker von H&M sind um 15 % von 60 € reduziert worden.
               Unbekannte Größe: _____

f) Hilary Clinton bekam ca. 51 % aller Stimmen. Sie bekam ca. 61 Millionen Stimmen.
               Unbekannte Größe: _____

g) Vom Nordkap nach Berlin sind es 4100 km. Nach 1000 km erreicht man Oulu.

Hinweis

Der **Grundwert G** bedeutet: die **Gesamtheit**; **100 %**; Alles; davon geht man aus

Der **Prozentwert W** bedeutet: **Anteil** von der Gesamtheit; ein **Teil** von etwas

Der **Prozentsatz p%** bedeutet: **Anteil** von der Gesamtheit in **Prozent**; Angabe vom **Teil** in Prozent

Beispiel: Ein Fahrrad kostet <u>1600 €</u>. **400 €** bekommt Jan geschenkt. **Das** sind 25 %.

> <u>Grundwert G: 1600 €</u> - Davon hat Jan einen **Teil** geschenkt bekommen: **400 €**.
>
> In Prozent sind 400 € von 1600 € gleich **25 %**

Noch ein Beispiel: Jasmin muss beim Bankdrücken 50 % ihres Körpergewichtes
$$\overset{p\%}{}$$
drücken. Das sind von 60 kg Gewicht genau 30 kg Masse auf der Hantel.

Wie lässt sich nun damit rechnen?
Wichtig: - Zuerst Prozentwert W, Grundwert G und Prozentsatz p% herausfinden.

- Was ist unbekannt?
- Dann die Formel anwenden
  (Der Bruchstrich ist eine Division, „durch rechnen")

$$p\% = \frac{W}{G} \cdot 100 \qquad W = \frac{G}{100} \cdot p\% \qquad G = \frac{W}{p\%} \cdot 100$$

„p % ist gleich W durch G mal 100"	„W ist gleich G durch 100 mal p%"	„G ist gleich W durch p% mal 100"

%% - Lösungen

S. 52 Nr. 1

a) Prozentwert W   b) Grundwert G   c) Prozentsatz p %

S. 52 Nr. 3: gesucht: **Prozentsatz p%**

S. 53 Nr. 5: gesucht: Grundwert G

S. 53 Nr. 12:

a) Grundwert G   b) Prozentwert W   c) Prozentsatz p%

%%% - Lösungen

S. 45 Nr. 4a

a) 50 %; 75 %; 25 %; 5 %; 10 %; 20 %

S. 48 Nr. 9a

a) 70 kg; 700 m^2; 68 €

S. 48 Nr. 10a

a) 2,34 l; 1352 t; 604, 50 €

S.51 Nr. 4 a-d

a) 900 kg   b) 300 kg   c) 30 €   d) 900 €

%%%% - Lösungen

S.52 Nr. 3

Kupfer: 65 %   *Zinn: 35 %*

S.52 Nr. 4

a) Das Getränk wiegt 996 g. Der Joghurt darin wiegt 600 g. Das sind ca. 60 % Joghurt.

b) Milch: ca. 21 %; Himbeeren: ca. 15 %; Vanillezucker: ca. 4 %

S.52 Nr. 5

Der Tank fasst 72 l.

S.52 Nr. 9

a) 77 Männer   b) 30 %   c) 175 Beschäftigte

BEI GRIN MACHT SICH IHR WISSEN BEZAHLT

- Wir veröffentlichen Ihre Hausarbeit,
  Bachelor- und Masterarbeit

- Ihr eigenes eBook und Buch -
  weltweit in allen wichtigen Shops

- Verdienen Sie an jedem Verkauf

Jetzt bei www.GRIN.com hochladen und kostenlos publizieren